CLIMATS
ASTRONOMIQUES ET GÉOGRAPHIQUES

OU

MÉTHODE SIMPLE ET FACILE

POUR TIRER DE LA LATITUDE ET DE LA LONGITUDE
DONNÉES PAR LES DICTIONNAIRES OU PAR DES
TABLES, DES INDICATIONS UTILES OU CURIEUSES SE
RAPPORTANT A LA POSITION DE LA SPHÈRE CÉLESTE
SUR L'HORIZON, A LA GÉOGRAPHIE, A LA MÉTÉORO-
LOGIE, AUX PRODUCTIONS NATURELLES, AUX RAP-
PORTS HORAIRES, EN UN MOT, AU CLIMAT ASTRONO-
MIQUE ET GÉOGRAPHIQUE D'UN LIEU QUELCONQUE
SUR LA TERRE.

EXPOSÉ THÉORIQUE

ÉCLAIRCI PAR DES FIGURES ET DES APPLICATIONS A DES POSITIONS
GÉOGRAPHIQUES PRISES DANS DIFFÉRENTES ZONES.

EXTRAIT DE L'*INDICATEUR ASTRONOMIQUE* ET DE L'EXPLICATION
ABRÉGÉE DE CE PLANISPHÈRE.

Par L. BEAUMARCHEY
Cosmographe, Membre de plusieurs Académies.

PARIS

AIX – EN – PROVENCE, CHEZ L'AUTEUR
2, Rue Saint-Michel, 2.

CLIMATS

ASTRONOMIQUES ET GÉOGRAPHIQUES

AVEC DES FIGURES ET DES EXEMPLES PRIS DANS DIFFÉRENTES ZONES

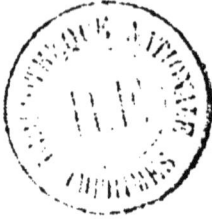

I. — *Notions préliminaires. Latitude, Longitude.* — *Figure* 1re.

1. **La latitude** d'un lieu sur la terre est sa distance à l'équateur, mesurée par un arc du méridien passant par ce lieu. Elle se compte par 90 degrés dans chacun des hémisphères, et, de l'équateur aux pôles, elle est boréale ou australe. Elle se marque sur un méridien qui est ordinairement le premier.

Ainsi, sur la figure 1re, le cercle qui détermine le contour du globe terrestre serait le *premier méridien*. La latitude est marquée dans les deux hémisphères, de 15 en 15 degrés, à partir de l'équateur, où elle est 0, jusqu'aux pôles, où elle est de 90°. La figure représente aussi plusieurs parallèles à l'équateur, cercles ou degrés de latitude.

2. La **longitude** est, dans le sens des parallèles de latitude, la distance d'un lieu à un premier méridien, celui de Paris, par exemple. Elle divise le globe en deux hémisphères, l'un oriental et l'autre occidental, renfermant chacun 180 degrés. La longitude se compte à l'orient et à l'occident du premier méridien ; elle exprime donc la distance orientale ou occidentale des points de la terre par rapport à ce premier méridien. Elle se marque sur l'équateur, et la longitude d'un lieu quelconque s'exprime par un arc de l'équateur compris entre le 0 ou premier méridien et le point de l'équateur par lequel passe le méridien du lieu donné. Les divisions de l'équateur de 15 en 15 degrés (fig. 1re), indiquent la longitude, et les méridiens qui, partant du pôle, coupent l'équateur à angles droits, sont dits aussi des degrés de longitude.

3. La latitude et la longitude combinées servent surtout à indiquer la position relative des lieux pris sur la terre. Les degrés de l'une et de l'autre, en se croisant, enveloppent le globe comme d'un réseau, dont chaque maille serait numérotée ; et indiquer la latitude et la longitude d'un lieu donné, c'est dire dans quelle maille de ce réseau, se trouve ce lieu.

La latitude et la longitude sont indiquées, pour les différentes positions terrestres, soit par des catalogues spéciaux, soit par les dictionnaires géographiques.

La latitude d'un lieu étant donnée, on en tire les indications qu'on verra plus loin.

4. La figure 1re représente le globe terrestre avec son axe incliné de 23° 27'. Les degrés de latitude boréale et australe sont indiqués par des divisions, de cinq en cinq, et marqués de quinze en quinze, par des nombres. Le cercle extérieur représente la sphère céleste dont il est un méridien. La déclinaison boréale et australe est aussi indiquée de cinq en cinq degrés par des divisions, et de quinze en quinze par des nombres. Autour de ce cercle, les noms de quelques constellations sont placés à peu près selon leur déclinaison.

5. Les lignes ponctuées représentent d'abord l'écliptique et son axe, puis quelques parallèles à l'équateur, que le rayon solaire vertical semble décrire sur la terre, selon les points de l'écliptique où se trouve le soleil, et selon sa déclinaison boréale ou australe.

6. Cette figure fait voir que l'écliptique et l'équateur font entre eux un angle de 23° 27', égal à la l'inclinaison de l'axe de la terre, dont il est une conséquence directe. Dès lors, le soleil en parcourant l'écliptique, doit s'élever en déclinaison, jusqu'à 23° 27', au nord de l'équateur, au solstice d'été, et le rayon solaire qui arrive perpendiculairement sur la terre, décrit, ce jour-là, le tropique du Cancer. Le soleil doit aussi, toujours en par-

courant l'écliptique, s'abaisser de 23° 27', au sud
de l'équateur, au solstice d'hiver, et son rayon qui
arrive perpendiculairement sur la terre, décrit, ce
jour-là, le tropique du Capricorne. A égale distance des solstices, le soleil est sur l'équateur, aux
équinoxes de printemps et d'automne. Les contrées
du globe comprises entre les deux tropiques, sont
celles où, à des époques fixes de l'année, le soleil
est perpendiculaire, c'est-à-dire au zénith même,
à midi, sur tout un parallèle de latitude. Excepté
sur les tropiques mêmes, il peut dépasser le zénith, du côté du pôle; c'est la zone torride.

7. La figure 1re doit nous donner surtout une
idée de l'**horizon**, par rapport à la sphère céleste,
selon les latitudes. L'horizon **visuel** est
cette partie de la surface terrestre que notre œil
peut embrasser. A cause de l'excessive distance
des corps célestes, nous voyons le ciel comme si
notre horizon, au lieu d'être un plan tangent à la
surface du globe, passait par le centre de ce globe;
cet horizon fictif est l'horizon **rationnel** et le
seul que nous considérions ici.

8. La figure 1re présente **sept horizons
différents**, à sept latitudes boréales différentes.
Au centre de la figure, et sur chaque horizon,
s'élève une perpendiculaire ou verticale qui aboutit
à la sphère céleste, pour marquer le **zénith**.
Ainsi chaque horizon est représenté par deux
lignes, l'une qui est un diamètre de la sphère ter-

restre et céleste tout à la fois, et l'autre qui n'en est qu'un rayon. Le **nord** de l'horizon est dans l'hémisphère boréal, le **sud**, dans l'hémisphère austral.

9. Diverses indications se tirent des horizons de la figure 1re : 1° La partie de la sphère céleste comprise entre le pôle boréal et chacun des horizons 1, 2, 3, 7, 4, est toujours visible et entièrement découverte respectivement par chacun d'eux, on l'appelle **ciel de perpétuelle apparition**; 2° la partie de la sphère céleste comprise entre le pôle austral et les points de l'horizon marqués n° 1, n° 2, n° 3, n° 7, n° 4, est invisible pour chacun d'eux respectivement, n'étant jamais découverte par eux, c'est le **ciel de perpétuelle occultation**; 3° la partie de la sphère céleste qui, d'un côté, va depuis hor. 1, hor. 2, hor. 3, hor. 7, hor. 4, jusqu'à l'équateur, dans l'hémisphère céleste boréal, et de l'autre, depuis n° 1, n° 2, n° 3, n° 7, n° 4, jusqu'à l'équateur, dans l'hémisphère céleste austral, est celle dont les astres paraissent et disparaissent, s'élèvent et se couchent alternativement sur l'horizon; c'est le **ciel d'apparition alternative**.

10. Le cercle extérieur étant considéré comme le **méridien** de chacun de ces horizons, ce cercle est divisé au-dessus d'eux, en **4 parties** qui méritent d'être remarquées : 1° du nord de l'horizon au pôle, ou hauteur du pôle, au-dessus de l'hori-

zon ; 2° du pôle au zénith, ou distance du zénith au pôle ; 3° du zénith à l'équateur, ou distance du zénith à l'équateur ; 4° de l'équateur au point sud de l'horizon , ou hauteur méridienne de l'équateur.

11. Le **zénith** est toujours sur la parallèle de déclinaison qui répond à la latitude. Ainsi l'horizon 1 est pour une latitude boréale de 15°, et son zénith est sur le 15ᵐᵉ degré de déclinaison boréale. L'horizon 2 est pour une latitude boréale de 35°, et son zénith est sur le 35ᵐᵉ parallèle de déclinaison boréale. Il en est de même pour les autres.

12. Il y a toujours une moitié entière ou 180° du méridien au-dessus de l'horizon et autant au-dessous. Il est bon de remarquer aussi comment le demi-méridien qui est au-dessus de l'horizon, est divisé par le zénith en deux grandes parties des 90°. Chacune de ces parties renferme deux des quatre divisions dont on a parlé ci-dessus : 1° du zénith au pôle et du pôle au nord de l'horizon; 2° du zénith à l'équateur et de l'équateur au sud de l'horizon.

Remarquez que pour les latitudes comprises entre 0 et 45°, le zénith est plus rapproché de l'équateur que du pôle, et que c'est le contraire pour les latitudes entre 45° et 90°.

13. L'horizon 7, est, sur la figure, dans le plan même de l'écliptique, et son zénith est sur le cercle

polaire arctique céleste. Il répond à la latitude boréale terrestre de 23° 27'.

14. L'horizon n° 5 passe par l'axe de la terre et du monde, et par les pôles mêmes ; son zénith est sur l'équateur céleste. Il appartient à la latitude zéro de l'équateur terrestre. Sur cet horizon, tous les parallèles célestes sont perpendiculaires ; c'est **la sphère droite.** Il n'y a ni ciel de perpétuelle apparition, ni ciel de perpétuelle occultation ; tout est ciel d'apparition alternative, et les parallèles célestes sont tous coupés en deux parties égales.

15. L'horizon n° 6 est dans le plan même de l'équateur ; son zénith est au pôle boréal ; il appartient à la latitude polaire boréale de 90°. Tout l'hémisphère céleste boréal est de perpétuelle apparition ; tout l'hémisphère austral est de perpétuelle occultation, et il n'y a pas de ciel d'apparition alternative. Les parallèles de déclinaison ne touchent pas l'horizon, ils lui sont parallèles, et les astres décrivent des cercles parallèles à l'horizon ; c'est la **sphère parallèle.**

16. Pour les horizons 1, 2, 3, 7, 4, l'équateur céleste et ses parallèles sont obliques, c'est-à-dire penchés vers le sud de l'horizon, en raison directe de la latitude ; c'est la **sphère oblique,** comprise entre 0 et 90° de latitude.

17. Tous ces horizons, il faut se les représenter comme des cercles qui tournent avec la terre,

pendant la rotation, et au-dessus desquels la sphère céleste semble prendre toutes les positions qui répondent à telle latitude à telle saison, à tel mois, à tel jour, à telle heure.

II. — Première sorte d'indications tirées de la latitude.

18. **Indications astronomiques** ou relatives à la sphère céleste :

1° La hauteur du pôle au-dessus de l'horizon d'un lieu donné est égale en degrés à la latitude de ce lieu.

2° La hauteur méridienne de l'équateur au-dessus de l'horizon d'un lieu donné est égale au complément de sa latitude, c'est-à-dire au nombre de degrés qu'il faut ajouter à la latitude de ce lieu pour faire 90°.

3° La distance du pôle au zénith, sur un point donné du globe, est égale au complément de la latitude de ce lieu, et celle du zénith à l'équateur est égale à sa latitude.

4° Le nord de l'horizon, le pôle, le zénith, le point culminant de l'équateur, le sud, sont des points qu'il importe de connaître et qui déterminent au-dessus de notre horizon le tracé fictif du méridien.

5° L'horizon d'un lieu quelconque, excepté sur l'équateur, fait avec l'axe du monde deux angles, l'un au-dessus, l'autre au-dessous de lui; ils sont opposés au sommet qui est au centre de la sphère, et égaux; ils ont pour mesure la latitude du lieu.

6° L'horizon, excepté aux pôles mêmes, fait avec l'équateur céleste deux angles, l'un au-dessus, l'autre au-dessous de lui, opposés au sommet qui est au centre de la terre, et égaux; ils ont pour mesure le complément de la latitude. (1)

7° L'angle que l'horizon fait avec l'axe du monde, ou celui qu'il fait avec l'équateur et avec ses parallèles, peut indifféremment être pris pour mesure de la disposition de la sphère sur un horizon quelconque. On prend de préférence le dernier, et c'est de lui que viennent les expressions de *sphère droite* (à l'équateur), de *sphère oblique* (de l'équateur au pôle), de *sphère parallèle* (au pôle).

8° La sphère est dite *droite*, quand les parallèles à l'équateur sont perpendiculaires à l'horizon et font avec lui des angles *droits*. La sphère est *oblique* quand les parallèles à l'équateur sont obliques par rapport à l'horizon, et font avec lui deux angles inégaux, l'un aigu, l'autre obtus. La sphère est *parallèle* quand les parallèles à l'équateur sont en même temps parallèles à l'horizon.

---

(1) Il y a en réalité quatre angles faits par l'horizon avec l'axe et avec l'équateur, mais il suffit ici de n'en considérer que deux, opposés au sommet et égaux.

La sphère n'est droite que pour les lieux situés sur l'équateur. La sphère n'est parallèle qu'aux pôles. Entre l'équateur et les pôles, la sphère est oblique, plus ou moins, selon la latitude. (1) Plus on monte vers le pôle nord, par exemple, plus l'horizon s'abaisse sous le pôle, de ce côté, et plus il se rapproche de l'équateur, au sud ; de façon que, au pôle même, l'horizon se confond avec l'équateur, tandis que, à l'équateur, on a l'axe du monde dans le plan de l'horizon.

9°. L'écliptique, à raison de son obliquité propre, fait, avec l'horizon, des angles qui changent de place à chaque instant, en 24 heures. Tantôt ces angles sont à l'est ou à l'ouest vrais, tantôt ils se rapprochent, l'un du nord, l'autre du sud. Il est assez curieux de suivre ces déplacements et cette espèce de balancement au-dessus de l'horizon, selon les saisons, les jours, les heures même.

10° Le ciel de perpétuelle apparition renferme, du point nord de l'horizon au pôle, autant de degrés qu'il y en a dans la latitude. Il en est de même pour le ciel de perpétuelle occultation.

11° Le ciel d'apparition alternative se compose de deux parties, l'une boréale, au nord de l'équa-

---

(1) Pour ne pas répéter trop souvent : latitude d'un lieu donné ou d'un lieu quelconque — cette expression : *la latitude*, devra s'entendre presque partout de la latitude d'un lieu déterminé et par conséquent d'une latitude déterminée et particulière, bien que n'étant pas précisée par un nombre défini de degrés.

teur, l'autre australe, au sud. Dans chacune de ces parties, il y a un nombre de parallèles de déclinaison, égal au complément de la latitude. Les parallèles septentrionaux touchent l'horizon, depuis l'est, d'un côté, et depuis l'ouest, de l'autre, jusqu'au point nord. Les parallèles de l'hémisphère austral touchent l'horizon, depuis l'est, d'un côté, et depuis l'ouest, de l'autre, jusqu'au point sud.

19. A l'aide des divers horizons tracés sur la figure 1", ont peut voir quelles sont les amplitudes ortives et occases des astres du ciel d'apparition alternative, selon le parallèle boréal ou austral sur lequel ils sont.

La quantité dont le lever d'un astre s'écarte de l'est vrai, soit vers le nord, soit vers le sud, est son amplitude ortive, et celle dont son coucher s'écarte de l'ouest vrai, vers le nord ou vers le sud, est son amplitude occase. Un astre décrit toujours au-dessus de l'horizon, toute la partie de son parallèle de déclinaison que l'horizon, en le coupant, laisse au-dessus de lui.

20. C'est en grande partie à l'aide de ces amplitudes, des diverses hauteurs méridiennes et de l'obliquité de la sphère répondant à la latitude, que l'on établit, par la pensée, l'état de la sphère céleste sur l'horizon d'un lieu donné et d'une latitude donnée.

Au reste, pour établir la sphère céleste telle qu'elle est sur l'horizon d'un lieu d'une latitude donnée, les divisions du méridien de ce lieu par le pôle, le zénith et l'équateur pourraient suffire.

III. — *Deuxième sorte d'indications tirées de la latitude. — Figure 2me.*

21. Indications géographiques ou se rapportant plus particulièrement au globe terrestre.

1° **L'hémisphère** est boréal ou austral.

2° **La zone.** Dans chaque hémisphère, il y en a trois : une moitié de la zone torride, une zone tempérée et une glaciale. La zone torride, large de 23° 27' dans chaque hémisphère, a une largeur totale d'environ 47°; elle est traversée par l'équateur au milieu et a pour limites les deux tropiques.

La zone tempérée, entre un des tropiques et un des cercles polaires, est d'environ 43° pour la largeur. Elle va de 23° 27' de latitude jusqu'à 66° 33'.

La zone glaciale est entre les cercles polaires et les pôles, avec une largeur de 23° 27'.

3° **Les climats.** Ce sont de petites zones d'une largeur fort inégale, parallèles à l'équateur, et rapportées à la latitude. Ils indiquent surtout les différences, non-seulement dans la longueur des jours et des nuits, aux solstices, mais encore pour tous les jours de l'année. Ces différences sont exactement proportionnelles à la latitude, pour tous les jours, excepté pour les deux équinoxes où, sur toute la terre, les jours et les nuits sont de douze heures. On peut chercher dans un traité de cosmographie ou de géographie, la liste des climats d'*heures* et de *mois*. Avec cette liste, on trouvera à quel climat appartient un lieu dont la latitude est donnée.

Le mot *climat* peut et doit même s'entendre dans un sens plus large. Il désignerait alors, d'une part, les diverses modifications qui ont lieu dans l'aspect de la sphère et dans les phénomènes célestes pour les différentes contrées, selon la latitude ; il s'entendrait, d'autre part, des faits provenant de causes tenant au globe lui-même, à son atmosphère, en un mot, aux divers éléments terrestres et météorologiques.

La latitude d'un lieu étant connue, rien n'est plus facile que d'en déduire l'hémisphère où il se trouve, sa zone, son climat et ce qui se rapporte à ce climat.

4° Mouvement de la ligne d'ombre.

La ligne d'ombre est une circonférence fictive qui sépare la moitié du globe éclairée par le soleil de la moitié qui reste obscure. C'est la circonférence de la base du cône d'ombre.

La figure 2 qui représente la terre dans huit positions sur son *orbite*, avec son axe incliné de 23° 27', nous montre l'ombre que la terre laisse derrière elle sous la forme d'un cône. La ligne d'ombre a deux mouvements : 1° en longitude, c'est-à-dire dans le sens des degrés de l'équateur. Ce mouvement est représenté sur la figure 2 par les diverses et successives positions du cône d'ombre, pendant la révolution de la terre autour du soleil ; 2° en latitude, c'est-à-dire que la ligne d'ombre, pendant le cours d'une année, se rapproche et s'éloigne alternativement des pôles qu'elle recouvre et qu'elle découvre tour à tour, ainsi que les régions polaires

La figure 2 suffit pour faire comprendre comment la ligne d'ombre coupe diversement les parallèles à l'équateur terrestre, dans les différentes positions de la terre, pendant sa translation autour du soleil.

Faisons partir notre explication de l'équinoxe du printemps (1). La figure 2 nous montre que, dans cette position de la terre, la ligne d'ombre coupe en deux moitiés égales tous les parallèles à l'équateur. Les jours sont partout égaux aux nuits.

De l'équinoxe de printemps au solstice d'été, la partie éclairée des parallèles, dans l'hémisphère septentrional, est plus considérable que la partie obscure ; les jours sont plus grands que les nuits. Pour les parallèles de l'hémisphère austral, c'est le contraire.

Du solstice d'été à l'équinoxe d'automne, la par-

___

(1) Position de la terre, sur la figure 2, entre *Vierge* et *Balance*.

tie éclairée des parallèles de l'hémisphère boréal diminue. Elle augmente dans l'hémisphère austral. A l'équinoxe d'automne (1), comme à celui de printemps, la ligne d'ombre coupe partout également les parallèles, et partout, dans les deux hémisphères, les jours sont égaux aux nuits.

A partir de l'équinoxe d'automne, la figure 2 nous montre les parallèles septentrionaux coupés par la ligne d'ombre, de manière que la partie obscure est plus considérable que la partie éclairée. Les nuits deviennent plus longues que les jours. C'est l'opposé qui a lieu dans l'hémisphère austral. Du solstice d'hiver à l'équinoxe de printemps, la partie éclairée des parallèles augmente dans l'hémisphère boréal et les jours augmentent aussi. Dans l'hémisphère austral, la partie éclairée diminuant, les jours diminuent, et les nuits deviennent plus longues.

On peut résumer comme il suit ces explications :

1° Pendant un an, un parallèle quelconque est coupé, selon les saisons et les jours, très-inégalement par la ligne d'ombre. Il y a des limites à ces inégalités; elles ont lieu, pour tous les parallèles, à l'époque de chacun des deux solstices. Vers les équinoxes, l'inégalité est *minima* et même nulle ; elle est *maxima* vers les solstices.

(1) Position opposée à celle de l'équinoxe de printemps, entre *Poissons* et *Bélier*.

2° La longueur du jour pour un lieu donné est, pour tous les jours de l'année, proportionnelle à la partie éclairée du parallèle sur lequel il est situé. La longueur des nuits est toujours proportionnelle à la partie de son parallèle laissée obscure par la ligne d'ombre.

3° La longueur des jours et des nuits, excepté aux équinoxes, n'est pas du tout égale pour tout un hémisphère, un jour donné. La différence est en raison directe de la latitude. Voilà pourquoi, le jour du solstice d'été, pour l'hémisphère boréal, par exemple, les pays situés dans le sud de l'Egypte, ont un jour d'environ 13 heures et demie, tandis que, à Saint-Pétersbourg, le jour est de 18 heures et demie. Dans cette dernière ville, la nuit n'est qu'un crépuscule assez rapproché du jour pour la clarté.

On doit savoir que l'inégalité des jours provient surtout de l'inclinaison de l'axe de la terre sur son orbite.

Les figures 1re et 2me représentent la terre avec cette inclinaison de l'axe. Le pôle boréal est penché du côté du solstice d'été, entre *Gémeaux* et *Cancer*.

Ce que nous venons de dire s'entend des pays situés entre l'équateur et les cercles polaires.

Entre les cercles polaires et les pôles, il y a des *jours et des nuits perpétuels*. — Les jours perpétuels ont lieu, pour un point donné, dans une zone glaciale, tant que le parallèle sur lequel il se trouve est éclairé, ce qui arrive tant que la ligne d'ombre le dépasse ; cela peut varier, selon la latitude, de 24 heures à six mois. Les nuits perpétuelles durent tant que la ligne d'ombre tient le lieu donné dans la partie du globe non éclairée, ce qui peut également aller de 24 heures à six mois (Voyez ci-dessous, n° 6).

A l'aide du plus long et du plus court jour, pour un pays quelconque, on peut trouver approximativement la longueur d'un jour quelconque ; il suffit de distribuer sur la longueur des saisons, la quantité d'heures et de minutes dont le plus long jour excède douze et dont le plus court est moindre que douze, en ayant soin toutefois de faire porter sur les deux premiers mois de chaque saison, environ les trois quarts de ces différences.

5° La hauteur méridienne du soleil est, aux deux équinoxes, égale à celle de l'équateur ou au complément de la latitude. Il faut ajouter 23° 27', pour avoir celle du soleil au solstice d'été, et les retrancher, pour le solstice d'hiver. En parcourant l'écliptique, le soleil prend chaque jour une déclinaison différente qui le rapproche ou l'éloigne du zénith. Le soleil n'est perpendiculaire, à midi, que dans la zone torride, ce qui arrive quand sa déclinaison est égale à la latitude d'un lieu donné dans cette zone. Il dépasse le zénith, quand elle lui est supérieure. Dans la zone tempérée, le soleil n'arrive jamais au zénith et, dans l'hémisphère boréal,

2

l'ombre, à midi, est toujours tournée vers le nord.
Dans la zone glaciale, quoique le soleil reste, à
certaines époques de l'année, plusieurs jours de
suite, et même un ou plusieurs mois entiers, au-
dessus de l'horizon, il ne s'élève jamais beaucoup.

Consultez, sur un annuaire du bureau des longitudes ou sur un livre de cosmographie, la table
de déclinaison du soleil, pour toute l'année. Pour
savoir sa hauteur méridienne, un jour donné, dans
notre hémisphère boréal, ajoutez à la hauteur de
l'équateur la déclinaison du soleil pour ce jour-là,
si elle est boréale, et retranchez-la de cette même
hauteur, si elle est australe.

6° Dans la zone glaciale boréale, les **jours perpétuels** (qui dépassent un certain nombre de fois
24 heures), commencent, quand la déclinaison boréale du soleil est égale au complément de la latitude, et ils durent tant qu'elle lui est supérieure. Les
nuits perpétuelles commencent, quand la
déclinaison australe du soleil est égale à ce même
complément de la latitude, et elles durent aussi
tant qu'elle lui est supérieure.

7° La disposition de l'écliptique sur les cartes
célestes indique le mouvement du soleil en déclinaison. Ainsi, évaluez en degrés de déclinaison, la
distance à l'équateur du point de l'écliptique correspondant à tel quantième du calendrier an-
nexé, et vous aurez la déclinaison du soleil pour ce
jour-là. A raison de la projection de l'écliptique

sur les cartes, ce moyen est quelquefois défec-
tueux; il est plus sûr de prendre la déclinaison jour-
nalière du soleil sur un globe ou sur un annuaire.

8° Les horizons de la figure 1re nous font voir
que, pour nous qui habitons au nord de l'équateur,
plus la déclinaison d'un astre est boréale, plus il
reste de temps au-dessus de l'horizon ; d'un autre
côté, plus la déclinaison d'un astre est australe,
moins il reste de temps visible. La projection
de l'écliptique sur une carte céleste, fait bien voir
aussi que, avant et après les équinoxes, où le
tracé de l'écliptique est le plus oblique, la déclinaison du soleil change bien plus sensiblement,
chaque jour, que vers les solstices, où cette obliquité est beaucoup moindre et où le tracé de l'écliptique est presque parallèle à l'équateur. C'est ce
qui explique pourquoi les jours augmentent ou diminuent rapidement avant et après les équinoxes,
tandis qu'ils restent presque stationnaires avant et
après les solstices. Les tables de déclinaison du
soleil indiquent aussi ces différences.

9° **Nuits crépusculaires.** L'abaissement
de l'équateur au-dessous du point nord de l'horizon, est égal au complément de la latitude, comme
la figure 1re le fait voir. Or, c'est sous le point nord
de l'horizon, que le soleil, à minuit, et les autres
astres, à différentes heures, passent au méridien
inférieur. Dans les pays dont la latitude est supérieure à 48°, vers le solstice d'été, il y a des

nuits crépusculaires, c'est-à-dire des nuits claires, où le crépuscule et l'aurore se rejoignent, ce qui arrive quand le soleil ne s'abaisse pas, pendant la nuit, au-dessous de 18°; car, tant que le soleil n'est pas abaissé de cette quantité sous l'horizon, il donne une clarté crépusculaire. Pour savoir quand commencent les nuits crépusculaires, retranchez la déclinaison du soleil du complément de la latitude, et du jour où le reste de la soustraction sera 18° ou moindre que 18°, les nuits crépusculaires auront lieu ; elles finiront, quand le reste de cette soustraction sera supérieure à 18°.

10° Les oppositions entre l'hémisphère austral et l'hémisphère boréal sont utiles et curieuses à étudier. Dans l'hémisphère austral, les saisons, les longueurs des jours et des nuits, la direction des ombres etc., sont opposées à celles de notre hémisphère boréal. Les mois de juin, juillet et août, sont les mois d'hiver. Le pôle s'élève vers le sud de l'horizon ; le soleil passe au méridien vers le nord, et, quand on est tourné du côté de cet astre, à midi, on a à droite ce que nous avons à gauche, et réciproquement. Deux personnes qui, dans chacune des deux zones tempérées, observeraient en même temps le soleil à midi, seraient tournées l'une vis-à-vis de l'autre. Les régions polaires australes ont les nuits perpétuelles, quand les contrées polaires boréales ont les jours perpétuels, et réciproquement. A des latitudes égales, les hauteurs méridiennes des astres sont, dans un moment donné, différentes de ce qu'elles sont chez nous. Quand, en Europe, le soleil est au-dessus de l'équateur, au cap de Bonne-Espérance il est au-dessous ; et pour le même jour, c'est de la même quantité.

11°. On peut trouver, pour l'horizon d'une latitude quelconque, la **hauteur méridienne de tous les astres** dont on connaît la déclinaison : étoiles, soleil, planètes, lune ou satellites ; il suffit de la rapporter à la hauteur de l'équateur.

12° La hauteur méridienne, qui est toujours en rapport avec la déclinaison, nous mettra à même de trouver les amplitudes ortives et occases ; de sorte qué, à l'aide de la seule latitude d'un lieu, on peut exactement déterminer l'état de la sphère céleste, sur l'horizon de ce lieu, le ciel de perpétuelle apparition, celui de perpétuelle occultation, celui d'apparition alternative, l'obliquité des parallèles de la sphère, etc. Il suffit pour cela de faire quelques additions ou quelques soustractions de la plus grande simplicité. Les étoiles ont une déclinaison et une hauteur méridienne constantes. Le soleil, la lune, les planètes, et tous les astres qui se déplacent comme eux, ont une déclinaison et par conséquent une hauteur méridienne variables. Leur hauteur méridienne peut donner leur déclinaison, et réciproquement. Le moyen le plus simple, c'est de leur donner à peu près la même déclinaison que celle des astres dont ils sont le plus voisins dans le moment, et ainsi la même hauteur méridienne.

IV. — *Troisième sorte d'indications tirées de la latitude.*

22. Indications physiques et météorologiques.

1° Les *lignes isothermiques* et leurs rapports avec les latitudes et les climats.

2° Les *courants* atmosphériques et marins, selon les zones, périodiques, constants ou variables.

3° Les *méridiens magnétiques*; la déclinaison et l'inclinaison des aiguilles aimantées, dans leurs rapports avec la latitude et la longitude.

4° Les divers et principaux phénomènes *météorologiques* propres aux diverses latitudes et qui caractérisent surtout les climats géographiques.

5° Les produits des diverses contrées, végétaux et animaux, ou *faune et flore*, dans leurs rapports avec les zones et les latitudes.

6° Particularités *géologiques* des diverses contrées, rapportées à la latitude.

Ce sont là de vastes et intéressants sujets d'études que nous nous bornons à indiquer, ne pouvant, dans ce court opuscule, les développer même brièvement.

23. Du reste, ces indications ne pouvant pas se tirer d'une manière assez précise de la latitude ne rentrent qu'indirectement dans notre sujet. Nous ne mentionnons ces particularités que comme des sujets d'observations et d'étude qui ont un intérêt sérieux et qui, après tout, font partie des climats géographiques. On trouvera dans de bonnes cartes géographiques le tracé des lignes isothermiques et de celles qui indiquent les limites des espèces végétales et animales, ou des zones botaniques et des zones zoologiques : limites de l'olivier, de la vigne, des céréales, etc. On y trouvera aussi la direction des courants atmosphériques et marins. Enfin des cartes spéciales feront connaître le système des méridiens et des pôles magnétiques, les particularités géologiques et météorologiques des principales contrées du globe. Nous renvoyons donc à ces cartes, aujourd'hui assez répandues, depuis les grands travaux scientifiques dont elles présentent les résultats.

V. — *Indications tirées de la longitude.*

24. Elles sont presque toutes relatives à la *différence des heures* entre des pays de longitude différente. On doit savoir, d'une part, comment la rotation de la terre, qui a lieu d'occident en orient, fait qu'un point donné du globe a successivement

toutes les heures du jour et de la nuit, et, d'autre part, on doit comprendre comment chacune de ces heures arrive pour les diverses contrées, selon leur longitude et à raison de 15° pour une heure.

Pour tous les lieux situés sur le même demi-méridien ou cercle de longitude, l'heure est la même; les différences horaires avec les autres méridiens sont aussi les mêmes. Ainsi, Copenhague, capitale du Danemarck, et Saint-Paul-de-Loanda, sur les côtes occidentales de l'Afrique, étant à très-peu près sur le même méridien, ont les mêmes heures, et leurs rapports horaires avec les autres contrées sont les mêmes.

25. Pour trouver la différence des heures, entre deux villes quelconques, il n'y a qu'à prendre leur différence horaire avec Paris, et retrancher la plus petite de la plus grande, si elles sont dans le même hémisphère; dans le cas contraire, on doit ajouter leur différence horaire avec Paris. Si la somme excède 12 heures, on la retranchera de 24, et le reste exprimera la différence en heure et en longitude de ces deux pays.

Exemples de ces différents cas: 1° La différence horaire d'Athènes avec Paris, est de 1 h. 25 m ; celle de Mascate est de 3 h. 45 m. Comme ces deux villes sont à l'orient de Paris, leur différence horaire est de 2 h. 20 m.; 2° la différence horaire de Moscou avec Paris est de 2 h. 20 m. 56 s., à l'orient; celle de Cayenne est de 3 h. 38 m. 35 s., à l'occident. La différence horaire est égale à la somme de ces deux nombres, elle est de 5 h. 59 m. 31 s., ou près de 6 heures ; 3° la différence horaire de San-Francisco, en Amérique, avec Paris, est de 8 h. 18 m. 58 s., et celle de Nankin, en Chine, est de 7 h. 45 m. 18 s., dont la somme est de 16 h. 4 m. 16 s. Comme cette somme excède 12, je la retranche de 24, et j'ai 7 h. 55 m. 14 s. pour la différence horaire entre San-Francisco et Nankin.

26. *Comment on trouve la différence des heures, à l'aide de la longitude, et réciproquement.* — La longitude des villes et des contrées est indiquée sur les cartes, sur les globes et dans certains livres de géographie. Pour trouver la différence des heures à l'aide de la longitude, il faut multiplier par 4 les degrés, et l'on obtient des minutes au produit. Les minutes se divisent par 15, quand elles excèdent 15 ; dans le cas contraire, on les convertit en secondes, en les multipliant par 60 ; puis on en prend le 15e, qui exprime des secondes, ou fractions d'heure.

Pour trouver la différence des heures entre deux villes dont on connaît la longitude, on retranche la plus petite longitude de la plus grande, si les villes sont, par rapport au méridien de Paris, dans le même hémisphère ; dans le cas contraire, on l'ajoute. On opère ensuite comme il est dit ci-dessus.

Réciproquement on trouve la longitude à l'aide de la différence des heures avec Paris, en multipliant les heures, les minutes et les secondes par 15. Les opérations que nous indiquons sont établies sur ce que les degrés et les heures sont dans le rapport de 15 à 1. On réduit donc une longitude en temps horaire, en en prenant le 15ᵐᵉ, et on réduit un temps horaire en longitude, en le multipliant par 15. Une heure vaut 15°; 4 minutes en temps, valent 1° en longitude, etc.

1° Supposons qu'on veuille trouver la différence des heures avec Paris, de Belgrade, en Servie, par exemple. Je cherche sur une carte, un globe, ou un dictionnaire, la longitude de Belgrade. Je la trouve de 18 degrés 9 minutes, à l'orient de Paris; je multiplie ces 18 degrés par 4 minutes (temps), et j'ai 72 minutes ou 1 h. 12 m. Quant aux 9 minutes (degré), inférieures à 15, je les réduis en secondes (degré) et j'ai 540 secondes qui, divisées par 15, me donnent 36 secondes (temps). — Ainsi la différence horaire de Belgrade, est de 1 h. 12 m. 36 s. en avance sur Paris.

2° La longitude de Boston, en Amérique, est de 73° 23 m. 54 s. O; quelle est sa différence horaire avec Paris d'abord, puis avec Lisbonne et enfin avec Belgrade? 73° multipliés par 4 minutes, donnent 292 minutes ou 4 h. 52 m.; 23 minutes (degré) divisées par 15, donnent 1 minute (temps), plus 8 minutes (degré). Je convertis les 8 minutes qui restent en secondes et j'ai 480 secondes (degré), auxquelles j'ajoute les 54 secondes, ce qui donne 534, dont le 15ᵐᵉ est entre 35 et 36. La différence cherchée est donc de 4 h. 53 m. 36 s. en retard. — La longitude de Lisbonne étant de 11 degrés 28 m. 45 s. O, réduite en heure, donne 45 m. 55 s. qu'il faut retrancher de celle de Boston. La différence horaire entre Boston et Lisbonne est de 4 h. 7 m. 41 s. — La différence horaire entre Boston et Belgrade, se trouve en ajoutant leur différence horaire avec Paris ; c'est 6 h. 6 m. 12 s.

3ᵉ La différence horaire de Chandernagor avec Paris est de 5 h. 44 m. 7 s., en avance ; quelle est la longitude de cette ville ? Je multiplie les heures par 15, j'ai 75 degrés, je multiplie 44 par 15, j'ai 660 minutes qui valent 11 degrés, puis 7 par 15, j'ai 105 secondes ou 1 m. et 45 s. La longitude de Chandernagor est donc de 86 degrés 1 m. et 45 s., à l'orient.

29. Mentionnons quelques particularités curieuses et utiles de la longitude :

1ᵉ Quand on connaît la longitude de plusieurs points du globe, et l'heure qu'il est pour l'un d'eux, on peut trouver l'heure qu'il est pour les autres. Il faut d'abord voir si les lieux donnés sont tous à l'est ou à l'ouest, ou les uns à l'est, les autres à l'ouest de celui dont on connaît l'heure. On cherche ensuite la différence horaire d'après la différence en longitude, à raison de 1 h. pour 15°, de 4 mi-

nutes pour 1° et de 1 minute en temps, pour 15' en
degrés. Exemple : Quelle heure est-il à Rome, à
Vienne (Autriche), à Madrid, quand il est 3 heures
du soir à Paris?

Réponse. La longitude de Rome étant de 10° 7'
à l'est, il est 3 h. 40' 29"; la longitude de Vienne
étant de 14° 2' à l'est, il est 3 h. 56' 0"; Madrid
étant à 6° et près d'une minute à l'ouest de Paris,
il est à Madrid 2 h. 36'.

2° Un fait a eu lieu à telle heure, dans telle ville.
Quelle heure était-il au même moment dans telles
autres villes? Cela dépend de la longitude de ces
villes par rapport à la longitude de la ville où le
fait a eu lieu. Exemple : Un tremblement de terre
a eu lieu, à 2 heures du matin, à Sydney, en
Australie, le 15 juin. Quelle heure était-il à Paris,
à Lisbonne, à Constantinople, dans le même moment?

Réponse. A Paris, il était 4 h. 5' du soir,
14 juin; à Lisbonne, 3 h. 19' du soir, 14 juin;
à Constantinople, il était 5 h. 50' du soir, 14 juin.

3° On explique par la longitude certaines particularités de la télégraphie électrique qui, au premier moment, paraissent assez bizarres. Exemple:
Une dépêche électrique, partie de Nancy, à 10 h. 55'
du matin, arrive à Brest à 10 h. 35', c'est-à-dire
20 minutes avant l'heure donnée pour le départ de
la dépêche de Nancy.

La longitude de Nancy étant 3° 51' est, et celle

de Brest étant 6° 50' ouest, la différence horaire est 16' -+ 27' ou 43 environ. — La dépêche a donc mis environ 23 minutes à arriver de Nancy à Brest.

4° En voyage, la meilleure montre du monde, à une heure donnée, indique généralement une différence plus ou moins grande avec l'heure qu'il est à tel ou tel pays par où l'on passe, où dans lequel on s'arrête ; cela provient encore de la différence des longitudes. Exemple : Ma montre donne l'heure de Paris, je suis à Coutances à 10 heures du matin, et ma montre donne 10 h. 15', c'est que Coutances est à l'ouest de Paris de 3° 47', ce qui fait une différence horaire de 15', 30", en retard. Si au lieu d'aller à Coutances, j'étais allé à Besançon, il aurait été environ 10 heures et demie à Besançon, quand ma montre aurait marqué 10 h. 15' pour Paris, Besançon étant de 3° 42' à l'est de Paris, ce qui donne à Besançon une avance d'environ un quart d'heure sur Paris.

5° Un phénomène astronomique doit avoir lieu à telle heure de Paris, par exemple ; on est sur mer, et l'on a porté avec soi une bonne montre, un chronomètre donnant l'heure de Paris. Quand ce fait a lieu, le chronomètre marque une autre heure que celle qu'il est à l'endroit où l'on se trouve. La différence des heures est proportionnelle à la longitude, qui est orientale, si le chronomètre retarde, occidentale, s'il avance, et cela, à raison de 15° de longitude pour 1 heure en temps.

28. A l'aide de la longitude d'un lieu donné, on trouve la différence horaire avec le premier méridien, et, réciproquement, la différence horaire donne la longitude.

29. A l'aide de la latitude et de la longitude d'un lieu, on trouve son **antipode**, qui est un point du globe, dont la latitude est la même, mais dans l'autre hémisphère, et dont la longitude est opposée, c'est-à-dire exprimée par une différence de 180°.

30. Pour l'application de ce qui précède, et comme exercice sur la longitude, voyez notre **Couronne horaire**, qui indique les rapports horaires pour près de 70 localités, prises sur le globe terrestre. Ce tableau cosmographique fait aussi parfaitement comprendre : 1° comment les vingt-quatre heures du jour sont, dans un moment donné, distribuées sur tout le globe, selon la longitude ; 2° comment un lieu donné a successivement toutes les heures, également selon sa longitude, c'est-à-dire après les pays qu'il a à l'orient et avant ceux qu'il a à l'occident. On verra aussi que ces rapports d'orient et d'occident n'ont rien d'absolu, car tout pays a son orient et son occident, et que c'est d'une manière tout à fait conventionnelle, que le premier méridien divise le globe en hémisphère oriental et en hémisphère occidental. Le méridien d'un lieu quelconque en peut faire autant.

31. Revenons à la figure 1re qui est destinée à faciliter l'intelligence des indications astronomiques et géographiques, données ci-dessus, et à nous montrer les différents aspects de la sphère céleste selon la latitude. Rappelons d'abord que cette figure représente sept **horizons** différents pour les latitudes boréales suivantes : horizon n° 1, pour une latitude de 15°; n° 2, pour une latitude de 35°; n° 3, pour une latitude de 50°; n° 4, pour 80°; n° 5, pour 0°, latitude de l'équateur et pour la sphère droite ; n° 6, pour 90°, latitude du pôle, sphère parallèle; n° 7, pour 66°, latitude voisine du cercle polaire arctique.

32. Étudiez successivement ces divers horizons sur la figure 1re, et remarquez, pour chacun d'eux, la hauteur du pôle, celle de l'équateur, le zénith, la distance du zénith au pôle et à l'équateur. Voyez quel est, pour ces divers horizons, le ciel de perpétuelle apparition, celui de perpétuelle occultation, celui d'apparition alternative; à quelles constellations répondent le nord, le sud, le zénith de ces horizons; ou plutôt, dites-vous que ces trois points, pour chacun d'eux, répondent aux parallèles célestes sur lesquels se trouvent les constellations auxquelles ils aboutissent sur la figure 1re. Voyez aussi comment ces horizons coupent les parallèles de latitude boréale par plus de la moitié, et les parallèles de latitude australe, par moins de la moitié, ce qui est cause de l'inégalité du temps

pendant lequel les astres du ciel d'apparition alternative restent visibles au-dessus de l'horizon, et produit aussi l'inégalité des jours et des nuits, selon que le soleil est sur les parallèles situés au nord ou au sud de l'équateur; enfin, comment la lune et les planètes restent plus ou moins de temps au-dessus de l'horizon, selon qu'elles se trouvent dans les constellations boréales ou dans les constellations australes. Comparez la manière inégale dont ces sept horizons coupent les parallèles à l'équateur céleste, et vous reconnaîtrez que plus la latitude est élevée, plus sont considérables les parties des parallèles au-dessus de l'horizon pour l'hémisphère céleste boréal, et plus ces parties sont petites pour l'hémisphère céleste austral, et que pour un même horizon, ces parties des parallèles vont en augmentant vers le nord et en diminuant vers le sud.

33. La figure 2 nous représentera les effets de la longitude et les différences horaires. Considérez la position de la terre, sur cette figure, au solstice d'hiver, entre Cancer et Gémeaux. Sur un des cercles, supposons trois positions géographiques différentes : 1, 2, 3. Par l'effet de la rotation du globe, le point 3, qui est à l'orient de 2, a déjà eu midi; le point 2 a midi, et le point 1, à l'occident du point 2, est en retard sur 2, et n'a pas encore midi.

34. La figure 1re présente aussi les cinq zones,

l'inclinaison de l'axe et du pôle, l'obliquité de l'écliptique et de l'équateur, l'angle de 23° 27' qu'ils font. Il n'y a qu'à lire sur la figure, toutes ces particularités.

35. Rappelons même que les lignes ponctuées de la figure 1re se rapportent à l'écliptique et à son axe. On a aussi ponctué quelques parallèles compris dans la zone torride. Le soleil, dans sa marche annuelle, arrive, par la déclinaison, sur chacun de ces parallèles ; il est alors au zénith ou perpendiculaire pour les lieux situés sur le parallèle terrestre correspondant, dont la latitude boréale ou australe est égale à la déclinaison à laquelle se trouve alors le soleil.

36. *Un mot sur les quantièmes.* — Supposons qu'il est midi à Paris, le 1er janvier, et que nous voulons trouver quelle heure et quel quantième il est, en ce même moment, dans les divers pays du globe, selon la longitude. Si nous suivons la différence des heures dans le sens de l'orient, nous trouverons des pays où il est déjà minuit, ou 2 h., 3 h., etc., du matin, 2 janvier, et nous reviendrons ainsi à Paris où nous compterons midi, 2 janvier. Si nous suivons la différence des heures par l'occident, nous arriverons à des pays qui n'ont encore que minuit, 1er janvier, puis d'autres qui auraient 11 h., 10 h., etc., du soir, 31 décembre ; et en continuant dans le même sens, nous trouverions à Paris midi, 31 décembre. Il y aurait ainsi, pour le même

3

jour, 1ᵉʳ janvier, trois quantièmes, selon la manière de compter : 31 décembre, 1ᵉʳ janvier, 2 janvier. C'est le problème de la *semaine des trois jeudis*. On voit que si l'on rapporte les quantièmes à un même pays, et qu'on les compte dans le sens de l'orient et dans le sens de l'occident, on en trouve toujours trois, un déjà passé, l'autre qui est le jour présent, et le troisième qui n'a pas encore eu lieu. On trouve ainsi à la fois, la veille, le jour et le lendemain, qui cependant ne sont qu'un seul jour. Dans les voyages, on tient compte de ces particularités et l'on corrige les indications données par les montres et les chronomètres, à mesure qu'on va à l'orient ou à l'occident. Il faut même corriger le quantième, quand on fait le tour du globe et que l'on se trouve dans le voisinage des antipodes. Du reste, il ne s'agit ici que d'une curiosité qui ne pourrait avoir lieu que par le fait des voyages ; car, remarquez que d'après la manière de compter ci-dessus, le même pays aurait à la fois deux quantièmes, selon qu'on les compterait l'un par l'orient, l'autre par l'occident, ce qui ne peut pas être. En réalité, il faut surtout chercher les heures d'après la longitude. Quant aux quantièmes, on fera bien d'éviter certaines difficultés apparentes que le simple bon sens peut résoudre, mais pour lesquelles nous ne pouvons pas donner ici des explications complètes.

VI. — *Application des principes ci-dessus.*

Nous allons appliquer les principales indications astronomiques et géographiques à quelques exemples pris dans chacun des deux hémisphères. Ils serviront à éclaircir les indications, ils feront voir comment on détermine le climat astronomique et géographique d'un lieu donné.

I. — Dans l'hémisphère boréal, choisissons les trois positions suivantes :

1° La ville de Pondichéry, Asie, zone torride ; 2° celle de Riga, Europe, zone tempérée ; 3° l'île Melville, Amérique du nord, zone glaciale.

Pondichéry. Latitude boréale, 11° 55'; longitude orientale, 77° 29'.

Première série. — Indications astronomiques : hauteur du pôle au-dessus du point nord de l'horizon : 11° 55'.

Parallèle de déclinaison boréale qui répond au zénith ; 11° 55',

Distance du zénith au pôle nord : 78° 5'.

Distance du zénith à l'équateur céleste : 11° 55'.

Hauteur de l'équateur au-dessus de l'horizon : 78° 5'.

Angles que fait l'horizon avec l'axe du monde : 11° 55'.

Angles que fait l'horizon avec l'équateur céleste :
78° 5'.

Le ciel de perpétuelle apparition va de 78° 5' de déclinaison boréale, au pôle nord.

Le ciel de perpétuelle occultation va de 78° 5' de déclinaison australe au pôle sud.

Ciel d'apparition alternative : 78° 5' dans l'hémisphère boréal, et autant dans l'hémisphère austral ; en tout 156° 10'.

Obliquité de la sphère ou inclinaison de l'équateur et de ses parallèles sur l'horizon : 78° 5'. (1)

Deuxième série. — Indications géographiques ; hémisphère boréal ; zone torride. — Climat, deuxième climat de demi-heure. — Plus long jour : 12 h. 45'. — Plus court jour : 11 h. 15.

Hauteur méridienne du soleil ; aux équinoxes : 78° 5'; au solstice d'été : 101° 33'; au solstice d'hiver : 54° 37'. (2)

Le soleil est au zénith, à midi, vers le 21 avril, et il y revient vers le 22 août ; du 21 avril au 22

---

(1) Voir sur la brochure explicative de l'*Indicateur astronomique*, page 41 et suivantes, comment on trouve l'amplitude ortive et occase de tous les astres et leur hauteur méridienne, selon leur déclinaison et selon l'obliquité de la sphère sur l'horizon du lieu donné, ce qui est une partie importante de l'établissement de la sphère sur l'horizon d'un lieu quelconque.

(2) Pour trouver la hauteur méridienne du soleil pour un jour quelconque, voyez page 18.

août, le soleil, à midi, passe au delà du zénith, du côté du pôle, et l'ombre est tournée vers le sud.

Nuits crépusculaires, néant : car, si de 78° 5', on retranche 23° 28', il reste 54° 34' supérieur à 18° (Voir page 19).

A l'aide de ces indications et de quelques autres, tirées des explications, on peut aisément établir la sphère céleste telle qu'elle est sur l'horizon de Pondichéry.

Troisième série. — Indications physiques. Ligne isotherme : l'équateur thermique, sur lequel la température moyenne est + 28°, passe un peu au-dessous de Pondichéry, qui, ainsi, se trouve dans la zone des pays les plus chauds. L'équateur magnétique pour la déclinaison et celui pour l'inclinaison passent aussi à quelques degrés au-dessous de Pondichéry ; l'une et l'autre y sont faibles. Pour les courants atmosphériques, la météorologie, la saison des pluies, les diverses productions animales, végétales et minérales, les caractères géologiques de la contrée, voir une description spéciale, dans un ouvrage de géographie.

Indications tirées de la longitude. Différence horaire avec Paris : 5h. 0' 56" en avance.

A l'aide de la longitude de Pondichéry on trouve des différences horaires entre cette ville et tous les pays du monde (Voyez § 25 et 26).

Riga. Latitude boréale : 56° 57' ; longitude orientale : 21° 48'.

Première série. — Indications astronomiques.

Hauteur du pôle au-dessus du point nord de l'horizon : 56° 57'.

Parallèle de déclinaison boréale auquel répond le zénith : 56° 56'.

Distance du zénith au pôle nord : 33° 3'.

Distance du zénith à l'équateur céleste : 56° 57'.

Hauteur de l'équateur au-dessus de l'horizon : 33° 3'.

Angles que fait l'horizon avec l'axe du monde : 56° 57'.

Angles que fait l'horizon avec l'équateur céleste : 33° 3'.

Le ciel de perpétuelle apparition va du 33ᵐᵉ degré de déclinaison boréale au pôle nord.

Le ciel de perpétuelle occultation va du 33ᵐᵉ de déclinaison australe au pôle sud.

Ciel d'apparition alternative : 33° 3' dans l'hémisphère céleste boréal et autant dans l'hémisphère austral ; en tout 66° 6'.

Obliquité de la sphère céleste ou inclinaison de l'équateur céleste et de ses parallèles sur l'horizon : 33° 3'.

Deuxième série. — Indications géographiques : hémisphère boréal ; zone tempérée. Climat : 12ᵐᵉ climat de demi-heure. Plus long jour : 17 h. 38' ; plus court : 8 h. 22'.

Hauteur méridienne du soleil, aux équinoxes : 33° 3' ; au solstice d'été : 56° 31' ; au solstice d'hiver : 9° 35'. Le soleil, au solstice d'été, est à 33° 29' du zénith, et au solstice d'hiver, à 80° 25' du zénith.

Nuits crépusculaires : du 1er mai au 12 août environ (Voir page 19).

A l'aide de ces indications et de quelques autres tirées des explications, l'on peut aisément établir la sphère céleste telle qu'elle est, sur l'horizon de Riga.

Troisième série. — Indications physiques : ligne isotherme : environ + 6°. Méridien magnétique ; déclinaison peu différente de celle de Paris. Pour la météorologie, l'histoire nat...lle, les particularités géologiques du sol de la ...ntrée, etc., voir une description spéciale dans un c...vrage de géographie.

Indications tirées de la longitude : différence horaire avec Paris : 1 h. 27' 13" en avance.

Ile Melville. (Amérique du nord); latitude boréale : 75°; longitude occidentale : 112°.

Première série. — Indications astronomiques :
Hauteur du pôle au-dessus du point nord de l'horizon : 75°.

Parallèle de déclinaison céleste boréale auquel répond le zénith : 75°.

Distance du zénith au pôle nord : 15°.

Distance du zénith à l'équateur céleste : 75°.

Hauteur de l'équateur au-dessus de l'horizon : 15°.

Angles que fait l'horizon avec l'axe du monde :
75°.

Angles que fait l'horizon avec l'équateur céleste : 15°.

Le ciel de perpétuelle apparition va du 15ᵐᵉ degré de déclinaison boréale, au pôle nord.

Le ciel de perpétuelle occultation va du 15ᵐᵉ degré de déclinaison australe, au pôle sud.

Ciel d'apparition alternative : 15 degrés dans l'hémisphère boréal et autant dans l'hémisphère austral ; en tout : 30 degrés.

Obliquité de la sphère ou inclinaison de l'équateur céleste et de ses parallèles sur l'horizon : 15°.

Deuxième série. — Indications géographiques : hémisphère boréal ; zone glaciale. Climat : 3ᵐᵉ climat de mois. En été, jour perpétuel de près de trois mois et demi ; en hiver, nuit perpétuelle de la même durée. Remarquons encore que les jours qui précèdent le jour perpétuel grandissent graduellement, et que les nuits se raccourcissent, de l'équinoxe de printemps, jusqu'au moment où le jour devient perpétuel. Le soleil finit par ne plus se coucher qu'un instant vers minuit, et bientôt après commence le jour perpétuel. Réciproquement, de l'équinoxe d'automne jusqu'à la nuit perpétuelle, les jours diminuent graduellement et les nuits deviennent plus longues. Le soleil finit par ne paraître plus qu'un instant vers midi ; puis commence la nuit perpétuelle.

Hauteur méridienne du soleil, aux équinoxes : 15°; au solstice d'été : 38° 28'; au solstice d'hiver, néant; le soleil est sous l'horizon; nuit perpétuelle.

Le jour perpétuel commence du moment où la déclinaison boréale du soleil est de 15° ou supérieur à 15°, complément de la latitude, et il finit quand cette déclinaison est 15° et au-dessous, c'est-à-dire du 1er mai au 11 août, 103 jours. Pendant ce jour perpétuel, le soleil, au solstice d'été, ne s'élève pas plus que sur un horizon de 38°, au solstice d'hiver.

La nuit perpétuelle commence, quand la déclinaison australe du soleil est de 15° ou supérieure à 15°, c'est-à-dire du 3 novembre au 9 février. environ.

Les nuits crépusculaires commencent vers le milieu de mars, époque où le soleil a environ 3° de déclinaison australe, qui, joints aux 15° dont l'équateur est abaissé au-dessous de l'horizon vers le nord, font 18°. Elles durent jusqu'au jour perpétuel, en devenant de plus en plus claires. Elles reprennent à la fin du jour perpétuel, vers le 11 août, et durent, en diminuant graduellement de clarté, jusque vers le 1er octobre, où la déclinaison australe du soleil est devenue de 3° environ. A partir de cette époque jusqu'au milieu de mars, pendant les nuits alternatives et la nuit perpétuelle, il n'y aura plus d'autre clarté que des crépuscules et des aurores plus prolongées que dans nos contrées, des clairs de lune et des aurores boréales.

A l'aide de ces données et de quelques autres fournies par nos explications, il est facile d'établir la sphère céleste sur l'horizon de l'île Melville. On verra qu'elle diffère notablement de ce qu'elle est dans nos contrées.

Troisième série.—Indications physiques : ligne isotherme entre — 15° et — 18°, c'est-à-dire dans les régions les plus froides du globe. L'île Melville est à 10 ou 12 degrés du pôle magnétique boréal; déclinaison, inclinaison et météores magnétiques très-remarquables. Voir dans un ouvrage de géographie, la description spéciale de cette contrée glaciale : météorologie, histoire naturelle, géologie, formation, durée, fonte des glaces, etc.

Indications tirées de la longitude : différence horaire avec Paris, 7 h. 30' environ, en retard. Son méridien passe par la vieille Californie et une partie du Mexique occidental. De même que pour Pondichéry, on peut, à l'aide de la longitude de Riga et de l'île Melville, trouver les différences horaires entre ces deux derniers pays, et les autres contrées du globe.

II. — Dans l'hémisphère austral, nous prendrons les quatre positions suivantes : En Amérique, Quito, presque sur l'équateur, Lima, dans la zone torride; dans l'Océanie, Hobart-Town, zone tempérée australe; dans la région circompolaire australe ou zone glaciale australe, un point de la terre Adélie.

1° *Quito*, latitude australe, 0° 14', longitude occidentale 80° 5' 29". Cette ville peut être considérée comme sur l'équateur terrestre, vu sa faible latitude australe. Les pôles sont presque tous les deux sur l'horizon même, nord et sud, le zénith est très-voisin de l'équateur céleste. La sphère y est droite et tous les parallèles célestes y sont coupés par l'horizon en deux moitiés égales; il n'y a ni ciel de perpétuelle apparition ni ciel de perpétuelle occultation; en 24 heures, la sphère céleste entière passe au-dessus de l'horizon et au méridien.

Quito est au milieu même de la zone torride. Toute l'année, les jours et les nuits y sont de 12 heures. De l'équinoxe de printemps à celui d'automne, l'ombre, à midi, est tournée vers le sud, et vers le nord, pendant les six autres mois; aux équinoxes, le soleil est perpendiculaire. Les moindres hauteurs méridiennes du soleil ont lieu aux solstices.

Quito est entre l'équateur thermique et la ligne $+25°$, mais sa position au haut d'une montagne lui assure un climat assez tempéré.

La différence des heures entre cette ville et Paris est de 5 heures 24 minutes et quelques secondes en retard sur Paris.

2° *Lima*, latitude australe 12°, 2', 35", longitude occidentale 79° 27' 44".

Le pôle austral est élevé au-dessus de l'horizon de 12° 2' 35" et l'équateur de 77° 57' 25".

Le zénith est distant du pôle sud de 77° 57', et de l'équateur de 12° 2'.

Le ciel de perpétuelle apparition autour du pôle austral et celui de perpétuelle occultation autour du pôle boréal, renferment 12° 2'. On n'y voit pas la petite Ourse ; on y voit la grande Ourse, Cassiopée, etc., paraître quelques heures vers le nord, au-dessus de l'horizon. Le ciel circompolaire austral ne présente pas de belles constellations, il est même pauvre en étoiles.

L'équateur et ses parallèles font avec l'horizon un angle de 77° 57', c'est l'obliquité de la sphère sur l'horizon de Lima. Cette ville est dans la partie australe de la zone torride. Le plus long jour, le 22 décembre, est d'environ 12 heures 45 minutes, et le plus court, vers le 21 juin, est de 11 heures 15 minutes.

Aux équinoxes, la hauteur méridienne est de 77° 57'. Vers le 25 octobre, le soleil est au zénith, à midi, puis il dépasse le zénith du côté du pôle austral, et l'ombre est alors tournée vers le nord, jusque vers le 17 février, et il est alors revenu au zénith.

Lima est assez près de la ligne isotherme + 25°.

La longitude de cette ville lui donne un retard de 5 heures 18 minutes sur Paris.

3° *Hobart-Town*, dans la Tasmanie ou terre de Van-Diémen (Océanie), latitude australe 42° 55' 12'', longitude orientale 145° 0' 22''.

La hauteur du pôle austral est de 42° 55', celle de l'équateur est de 47° 4' 48".

Le zénith est à 42° 55' de déclinaison australe. Ce ciel de perpétuelle apparition du côté du pôle austral et celui de perpétuelle occultation du côté du pôle boréal renferment 42° 55'. Presque tout notre ciel circompolaire toujours visible en France, est invisible en Tasmanie, et la partie du ciel toujours invisible pour nous, y est au contraire de perpétuelle apparition.

Le ciel d'apparition alternative contient 47° dans l'hémisphère austral et 47° dans le boréal.

Dans l'hémisphère austral se voient d'abord les constellations australes du zodiaque et celles qui les avoisinent; en outre, dans la plupart des contrées de l'hémisphère sud, brillent les constellations dont la déclinaison boréale n'excède pas 50 ou 60°. Si le ciel circompolaire austral est pauvre en constellations remarquables, il y en a de très-belles à des déclinaisons moins élevées; on peut citer le Navire, le Centaure, la Croix du Sud, Achernar, étoile primaire le l'Éridan, le Phénix, le Paon, le Triangle austral, le Caméléon, l'Hydre mâle, la Grue, et d'autres qu'il serait trop long d'énumérer.

A Hobart-Town, l'obliquité de la sphère céleste sur l'horizon est de 47° 4' 48".

Zone tempérée, climat entre le 6° et le 7°; plus long jour 15 heures et quart à peu près, le plus court est d'environ 8 heures trois quarts.

Les hauteurs méridiennes du soleil y varient entre 70° 31' au solstice d'été, le 22 décembre, et 23° 37' au solstice d'hiver, le 21 juin. Toute l'année, l'ombre, à midi, est tournée vers le sud.

Il n'y a pas de nuits crépusculaires.

Hobart-Town est dans la zone thermique comprise entre + 18° et + 10°.

Par sa longitude orientale, ce pays a 9 heures 40 minutes d'avance sur Paris ; il n'est pas très-éloigné de nos antipodes.

4° *Terre Adélie.* Prenons dans cette contrée le lieu dont la latitude australe est 66° 40', et la longitude orientale de 137° et demi.

La hauteur du pôle austral est de 66° 40', celle de l'équateur de 23° 20'. Point céleste zénithal à 66° 40', hauteur méridienne de l'équateur et obliquité de la sphère 23° 20'.

Le ciel de perpétuelle apparition dans l'hémisphère céleste austral, et celui de perpétuelle occultation dans l'hémisphère céleste boréal, sont de 66° 40'. Le ciel d'apparition alternative renferme 23° 20' au sud de l'équateur et autant au nord.

Ce pays, voisin du cercle polaire antarctique, est au commencement de la zone glaciale, dans le premier climat de mois ; il a, vers le solstice d'été, en décembre, un jour perpétuel, composé de quelques fois 24 heures, et vers le solstice d'hiver une nuit perpétuelle d'autant de fois 24 heures.

Les nuits crépusculaires y durent depuis le 5 octobre jusqu'au 6 mars, d'abord faibles, elles vont toujours en augmentant jusqu'au jour perpétuel.

Quelques jours avant la nuit perpétuelle, le soleil se lève entre 11 heures et midi et se couche entre midi et 1 heure, puis, il passe quelques jours sans se montrer, puis il paraît quelques instants, ensuite les jours augmentent graduellement.

La hauteur méridienne du soleil qui est de 23° 20' aux équinoxes, est de 46° 47' au solstice d'été, le 22 décembre, elle est nulle au solstice d'hiver, en juin, puisque le soleil ne paraît pas sur l'horizon.

Remarquez que dans ces contrées, le soleil, au solstice d'été, ne s'élève pas plus au-dessus de l'horizon, qu'il ne le fait, aux équinoxes, sur l'horizon des pays situés au midi de la France, vers le 43° degré.

La terre Adélie est dans une zone très-froide, dont la température moyenne est 0°, et même au-dessous.

Par sa longitude, le pays qui nous occupe a sur Paris une avance de 9 heures 11 minutes et 21 secondes.

CONCLUSION

Rien n'est donc plus simple que de tirer de la latitude et de la longitude d'un lieu donné sur le globe, des indications **utiles et curieuses**, dont l'ensemble nous permet de nous représenter l'aspect du ciel sur l'horizon de ce pays, l'obliquité de la sphère, la zone, le climat, les hauteurs méridiennes des différents astres, la longueur des jours et des nuits dans les différentes saisons, les constellations qui sont visibles dans cette contrée et celles qui ne le sont pas, les rapports horaires avec d'autres contrées, et cela d'une manière facile, aussi exacte et aussi sûre que si nous avions habité ce pays et que nous en eussions étudié le ciel. C'est un exercice intellectuel et scientifique, plein d'intérêt, et que l'on peut faire pour des contrées situées à des latitudes et dans des climats très-différents. On se représentera les aspects que prend la sphère à ces diverses latitudes, et l'on aura ainsi une idée juste et complète des particularités astronomiques et géographiques des divers climats du globe, aussi bien dans un hémisphère que dans l'autre.

On comprendra sans peine que, dans plusieurs circonstances, ces indications peuvent avoir un caractère d'utilité ; il serait trop facile de le démontrer.

Aix. — Imprimerie J. NICOT, rue du Louvre, 16. — 6611.

193

DU MÊME AUTEUR

Indicateur astronomique, grande Carte cosmo-géographique, avec quatre pièces mobiles et une brochure explicative de plus de cent pages.

Prix: 5 Fr.

Publications à 1 franc et au-dessous:

Couronne horaire du Globe terrestre, avec pièce mobile.

Horloges des Méridiens célestes et des Méridiens terrestres, avec Pièce mobile.

Tableau du Système métrique et Mémento des Mesures géométriques.

EN PRÉPARATION

Horloge longitudinale et Indicateur horaire universels. (Voyages et télégraphie.)

Cadran astronomique de jour et de nuit, instrument d'observation.

www.ingramcontent.com/pod-product-compliance
Lightning Source LLC
Chambersburg PA
CBHW032311210326
41520CB00047B/2896